RECHERCHES

SUR

CERTAINS EFFETS DE L'EXCITATION ÉLECTRIQUE

SUR LE CŒUR

DE LA GRENOUILLE

PAR LE

Dr RAYMOND BERNARD

MÉDECIN STAGIAIRE A L'ÉCOLE D'APPLICATION DU VAL-DE-GRACE

BORDEAUX

IMPRIMERIE G. GOUNOUILHOU

11 — RUE GUIRAUDE, — 11

1884

RECHERCHES

SUR CERTAINS EFFETS DE L'EXCITATION ÉLECTRIQUE

SUR LE CŒUR

DE LA GRENOUILLE (1)

I

Arrêt du cœur par excitation directe. État de la question.

Dans les expériences qu'il fit en 1876 pour étudier les effets des excitations électriques sur le cœur, M. Marey (2) trouva l'explication d'un fait important signalé par Bowditch : telle excitation électrique capable maintenant de provoquer une contraction du muscle cardiaque, est impuissante, l'instant d'après, à produire le même résultat, et retrouve de temps en temps ce pouvoir après des intermittences d'inefficacité très capricieuses en apparence.

Tout dépend, comme l'a démontré M. Marey, de l'état où se trouve le muscle cardiaque quand il est surpris par l'excitation en question. Si le choc faradique le frappe en diastole, il force toujours le cœur à se contracter; mais si l'on s'arrange

(1) Ce travail, inspiré par M. le professeur Pitres, a été dirigé par lui et par M. le professeur Jolyet. — Je remercie profondément ces deux maîtres de la bienveillance dont ils ont usé à mon égard, et de tout ce que j'ai gagné à suivre leurs leçons et à fréquenter leur laboratoire. — Je remercie aussi M. le professeur agrégé Bergonié des bons conseils qu'il m'a donnés à maintes reprises, et mon ami le Dr Boyé qui m'a aidé avec une extrême complaisance.

(2) *Des excitations électriques du cœur.* — Travaux du laboratoire de M. Marey, année 1876, p. 63-86.

pour envoyer cette excitation — efficace en diastole — à un moment de plus en plus rapproché du début de la systole, on arrive à un point où, bien que l'excitation lui parvienne toujours, le cœur se conduit comme s'il ne l'avait pas reçue, et s'il inscrit ses contractions, rien n'est changé sur le graphique à leur forme et à leur rythme. Le cœur est *réfractaire*, pendant sa systole, à des excitations faradiques auxquelles il répond toujours pendant son relâchement.

La durée de cette phase réfractaire n'est pas invariable : il suffit que la force de l'excitation augmente ou que le cœur devienne plus excitable — par exemple s'il est échauffé — pour que cette période d'indifférence à la faradisation diminue ; on peut la réduire à un très court moment du début de la systole. Ainsi, ce cœur tout à l'heure réfractaire à la moitié des excitations qu'il recevait, est amené à répondre à toutes, sauf à celles qui l'atteignent pendant cet instant. Si enfin l'excitation est encore plus forte, il n'y a plus du tout de phase réfractaire : à quelque moment qu'il soit sollicité, le cœur accorde toujours une contraction intercalaire.

De ce phénomène, M. Marey déduisit des considérations très intéressantes sur le rythme du cœur, qui dépassent les limites de ce travail.

Mais il importe de noter un autre fait sur lequel M. Marey a insisté, c'est que « après chaque systole provoquée il se produit un repos compensateur qui rétablit le rythme du cœur, un instant altéré [1]. » Presque toujours, en effet, la diastole qui suit cette contraction supplémentaire est plus longue que les diastoles normales. Cela semblait bien constituer un corollaire de la loi d'uniformité du travail du cœur que le professeur du Collège de France a annoncée en 1861 et confirmée depuis à maintes reprises. D'après cette loi, le travail du cœur tend à rester constant; aussi, si l'on force le cœur à doubler ce travail dans un temps déterminé, il compensera cet effort en allongeant d'une quantité équiva-

(1) *Loc. cit.*, p. 74.

lente la durée de son repos. « De sorte que le même nombre de systoles a lieu, soit qu'on excite le cœur, soit qu'on le laisse à son rythme spontané [1]. »

Ici, la loi est trop absolue; du moins, elle souffre des exceptions, et des faits mentionnés depuis ont montré qu'elle était souvent en défaut. On en trouve des exemples dans le mémoire même de M. Marey, et si l'on veut se reporter à la page 83, on verra dans les lignes 2, 3 et 4 de la figure 32 que le repos compensateur peut exister après une excitation électrique non suivie de contraction intercalaire, ce qui est au contraire un principe de l'uniformité du travail du cœur [2].

En 1882, M. Dastre [3], recherchant si les faits découverts par M. Marey dépendaient d'une propriété du muscle ou de l'appareil nerveux cardiaque, observa souvent que le repos compensateur pouvait succéder à une excitation inefficace. Les figures 8 et 9 de son mémoire sont deux exemples de ce fait, qu'il décrit de la manière suivante :

« Lorsque l'on opère sur le cœur entier et qu'on l'excite » par un courant suffisant (c'est-à-dire capable de susciter » une contraction intercalaire dans la période diastolique), » on sait que l'excitation est inefficace si elle tombe dans » la période systolique. Le cœur ne se contracte point; il » n'exécute aucun travail déterminé par cette provocation » nouvelle.

» Cependant, on observe que le prétendu repos compensa- » teur suit cette excitation inefficace, comme si elle avait été » efficace et s'il y avait eu un véritable travail produit [4]. »

Ainsi, dans certains cas, une excitation électrique bien

(1) *Loc. cit.*, p. 74.

(2) Il est bon de remarquer que ces réflexions ne portent que sur un des corollaires de la loi de M. Marey, — celui qu'il a exposé dans le mémoire cité, — et non sur la loi elle-même dont l'importance générale ne saurait être mise en doute. — Il faut noter encore que dans l'expérience représentée par la figure 32, le cœur de grenouille était excité par des courants de pile *forts*. La loi de M. Marey reste exacte pour les courants de faible intensité. C'est avec des excitations très fortes qu'on obtient des résultats contraires, comme on le verra par la suite.

(3) *Recherches sur les lois de l'activité du cœur*, par A. Dastre. — *Journal de l'Anat. et de la Physiol.*, 1882, XVIII, p. 433-466.

(4) *Loc. cit.*, p. 463.

suffisante pour faire réagir le cœur par une contraction, à la manière normale, amène le résultat absolument inverse de l'arrêter pendant un temps très appréciable. C'est ce fait très intéressant que j'ai été amené à étudier, après l'avoir rencontré plusieurs fois dans une série de recherches poussées dans un autre but.

M. Pitres avait remarqué, dans les expériences qu'il a faites en 1878 [1], un phénomène intéressant qu'il a mentionné dans sa thèse d'agrégation. Quand le cœur d'une grenouille reçoit une décharge assez longue de courants interrompus, ce cœur, qui pendant toute la durée de l'excitation inscrit des secousses rapides et irrégulières, cesse subitement de battre quand la faradisation est interrompue. Après un repos assez long, il recommence la série de ses contractions; mais ces contractions ne reprennent pas d'emblée leur rythme normal et leur amplitude; les premières systoles après la pause sont plus faibles; elles sont séparées par des diastoles prolongées, dont la durée diminue bientôt en même temps que les contractions grandissent, jusqu'à ce qu'enfin l'ordre soit rétabli.

Les figures 1 et 2 représentent ce phénomène.

C'est le même fait que M. Ranvier signale dans ses leçons sur le cœur [2] et qu'il attribue à l'action de l'appareil ganglionnaire. C'est également de cette manière que M. Pitres l'explique, comme on le verra plus loin.

[1] *Des Hypertrophies et des Dilatations cardiaques indépendantes des lésions valvulaires*, par le Dr A. Pitres. — Th. d'agrég., 1878, p. 59.

[2] L. Ranvier, *Leçons d'Anat. gén. faites au Coll. de France*, 1877-1878. — *App. termin. des muscles de la vie organique*, 1880, p. 152, fig. 34.

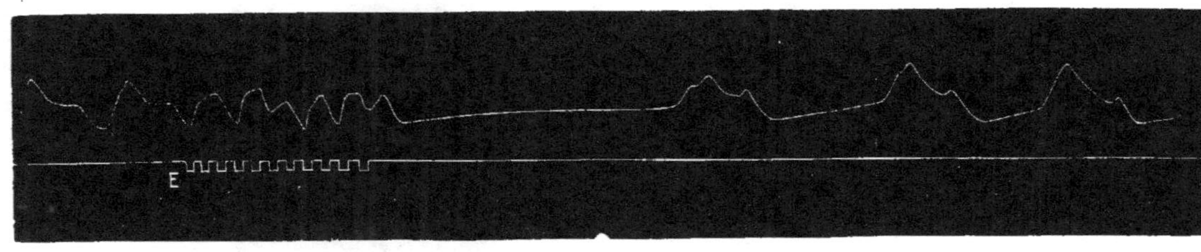

Fig. 1. — Pauses diastoliques du cœur après des excitations très fortes, E.
Cœur en place. Pince cardiographique (d'après un tracé de M. le professeur Pitres).

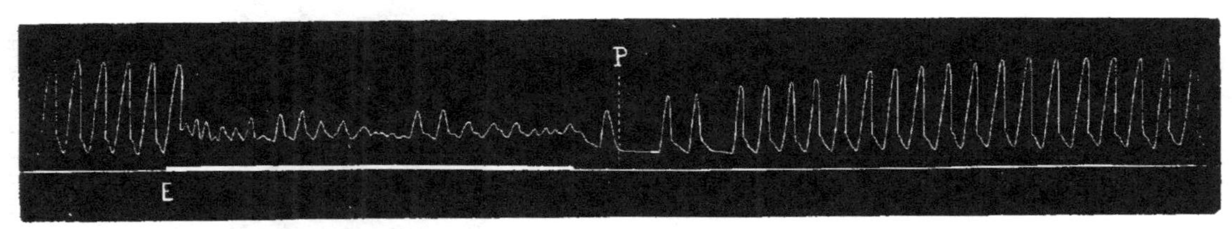

Fig. 2. — Arrêt diastolique du cœur. — Reprise des battements en escalier. — Cœur isolé. Cardiographe de Ranvier.
E, signal de Deprez. Courant fréquemment interrompu. La pause P est relativement courte, l'intensité de l'excitation était insuffisante.
Écartement des bobines = 6.

II

Arrêt du cœur par faradisation directe. Caractères de cet arrêt.

Les longues pauses diastoliques, après tétanisation, s'obtiennent très facilement quand on se sert de fortes décharges de courants fréquemment interrompus, mais il n'est pas nécessaire de tétaniser le cœur pour qu'il s'arrête et revienne ensuite par degrés à son type normal de contractions. En réduisant peu à peu la durée de l'excitation tétanisante, on s'aperçoit qu'elle peut être très courte — telle qu'elle ne provoque qu'une seule contraction — et cependant amener à sa suite ce repos. Une seule interruption du courant, un seul choc d'induction, soit de clôture, soit de rupture, aboutissent au même résultat (¹).

La figure 3 représente un arrêt diastolique consécutif à une seule excitation de clôture reçue par le cœur en *c*.

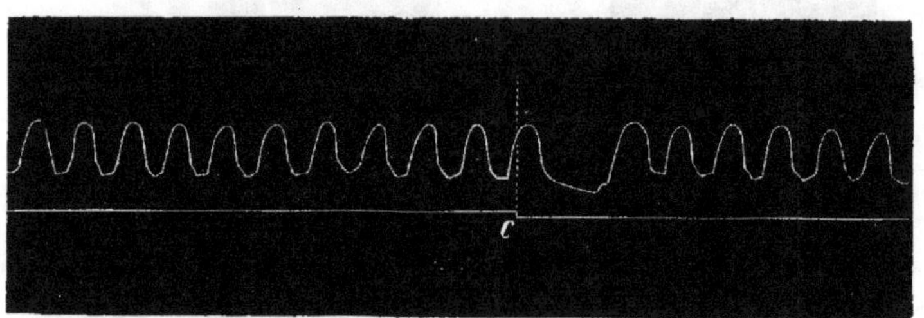

Fig. 3. — Arrêt du cœur par une excitation unique de clôture *c*, survenant en systole. Écartement des bobines = 0.

Il est vrai que le repos qui succède à ces excitations est moins long qu'après une excitation tétanisante; mais on le voit diminuer peu à peu à mesure que l'on raccourcit la durée

(¹) Il faut noter en passant que pour obtenir la pause du cœur avec les excitations très brèves, il est nécessaire de le trouver dans certaines conditions qui seront indiquées dans un chapitre spécial.

de la faradisation, et, toutes choses égales d'ailleurs, il semble proportionnel à cette durée. Il est impossible de méconnaître l'identité des deux phénomènes, et de ne pas rapprocher les faits signalés par M. Pitres et par M. Ranvier de ceux que M. Dastre a démontrés.

La pause diastolique présente, dans ses caractères, quelques détails qu'il faut signaler :

1° La contraction pendant laquelle l'excitation se produit, ou, pour abréger, la *contraction actuelle* ne diffère pas, quant à sa forme, des contractions normales qui la précèdent immédiatement. On voit quelquefois son amplitude diminuer, d'autres fois augmenter légèrement ; ce sont des exceptions qu'il faut très probablement attribuer au moment de la systole où le cœur est excité. Quelquefois encore elle paraît prolongée, bombée outre mesure : on doit admettre alors que l'excitation, arrivée trop tard ou trop faible, a provoqué une contraction intercalaire ; cette contraction intercalaire s'est fondue dans la contraction précédente assez complètement pour simuler une systole unique (*fig. 4*) ; le plus souvent, un

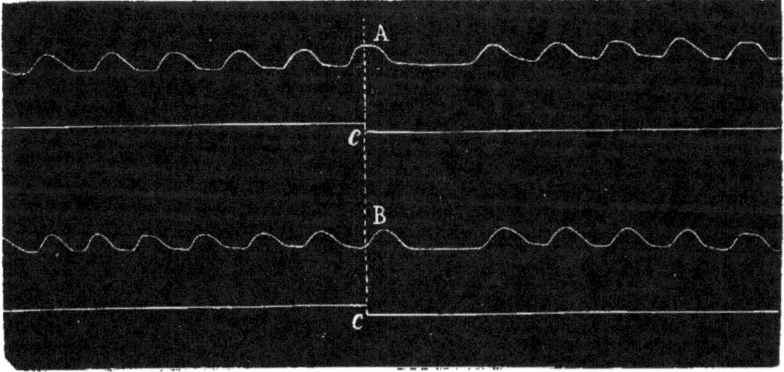

Fig. 4. — En A, pause diastolique. Après une excitation tardive, la contraction A est plus renflée que les précédentes.
En B, l'excitation reçue à temps ne déforme pas la contraction.
Ecartement des bobines = 4. — C, Clôture.

léger ressaut dans la courbe écarte les doutes ; mais quelquefois la fusion est intime. Il fallait signaler ce fait, car, bien que M. Dastre ait démontré que le repos consécutif à une contraction intercalaire n'est pas compensateur, on aurait pu objecter que, dans le cas actuel, le muscle cardiaque, en accomplissant une secousse plus longue que les autres, a travaillé davantage, et que c'est pour ce seul motif que la diastole suivante est aussi plus longue. Cette déformation de la contraction n'est pas de règle ; elle ne se produit que si une excitation insuffisante a été envoyée au cœur à un moment mal choisi. Quand le choc faradique frappe le cœur au moment voulu, la contraction à laquelle ce choc correspond ne peut être distinguée des précédentes que par les caractères de la diastole qui la suit.

2° Cette *diastole* est, à tous les points de vue, plus complète que les diastoles normales ; si on regarde à ce moment le ventricule d'un cœur en place, on le voit très distendu. — La figure 5 montre encore plus nettement que la diastole consécutive à l'excitation est plus complète que les autres. — Quant à la durée de la pause, sans qu'elle ait été mesurée

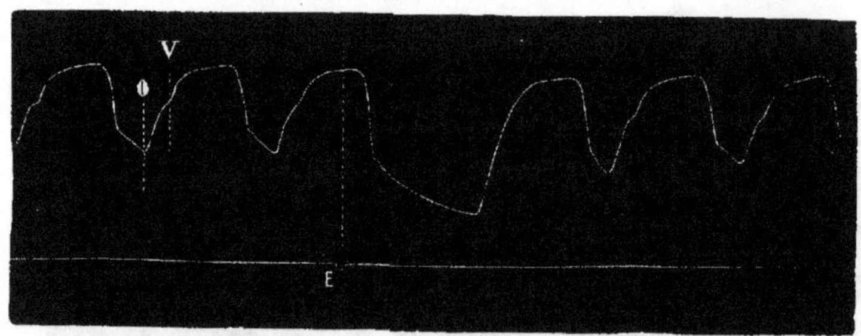

Fig 5. — Diastole d'inhibition. — Le cœur était distendu. — O, contraction de l'oreillette ; V, contraction du ventricule ; E, excitation.
Écartement des bobines = 0.

avec exactitude, on peut dire qu'elle augmente avec la durée et l'intensité de la décharge. Elle est longue après une tétanisation (voy. Ranvier, *loc. cit.*, fig. 34), plus courte après une simple secousse de clôture ou de rupture ; dans ce dernier cas, elle égale à peu près le temps d'une contraction : une contraction manque dans le tracé.

3° On a vu *(fig. 1 et 2)* que la pause diastolique finit par une reprise des battements qui, d'abord espacés et faibles, reviennent graduellement à leur grandeur et à leur rythme primitif. C'est surtout sur les cœurs excisés que l'on peut observer cette *reprise en escalier;* je n'ai pu l'obtenir du cœur en place ou du cœur isolé distendu; peut-être la réplétion masque-t-elle le phénomène [1].

Sur les cœurs isolés, vides d'ailleurs, elle n'est pas toujours nette : une bonne condition pour l'obtenir est que le cœur commence à s'épuiser; sur le cœur fraîchement extirpé ou excité faiblement, elle n'est qu'ébauchée; quelquefois, la première contraction, après un arrêt provoqué par une seule excitation, est plus forte que les suivantes, et c'est aux dépens de ces dernières que se forme l'escalier, peu marqué dans ce cas. Il est bon, pour se rendre compte de ces différences légères dans l'amplitude des contractions, que le mouvement du cylindre enregistreur soit très lent.

Il arrive qu'un choc d'induction trop faible pour arrêter le cœur exerce son influence sur l'amplitude des contractions. Il y a reprise en escalier sans pause diastolique. Après la contraction qui a reçu le choc, une autre suit à la distance normale; mais elle est petite, et celles qui viennent après grandissent peu à peu.

III

Résultats variables des excitations faradiques. — Influence de l'intensité de l'excitation et du moment où elle est reçue.

On a déjà vu dans le chapitre précédent qu'il y a lieu de tenir compte de diverses conditions, si l'on veut s'expliquer les effets variables des fortes excitations arrivant au cœur en systole. Deux surtout ont une influence à laquelle il faut

[1] Sur le cœur en place, l'escalier s'est montré dans un cas où, les cuillerons de la pince étant trop serrés, le cœur restait absolument vide.

s'arrêter : l'intensité de l'excitation et le moment où elle est reçue.

1° *Influence de l'intensité de l'excitation.*

L'importance de cette première condition a déjà été indiquée. Il est nécessaire pour obtenir l'arrêt diastolique d'employer des courants très forts. L'expérience suivante et la figure 6 qui la représente, montrent la chose clairement.

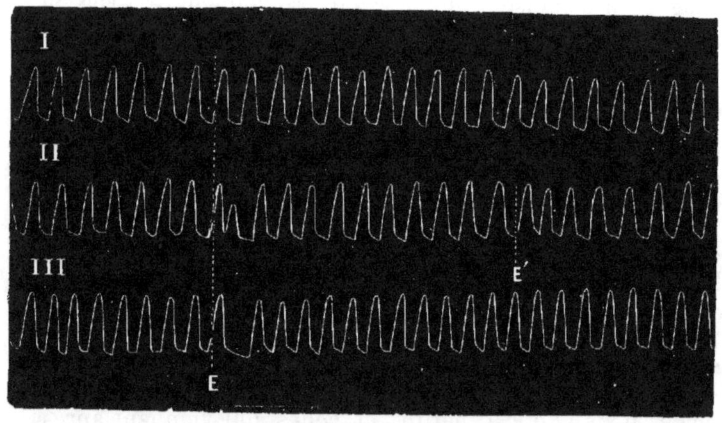

Fig. 6. — Influence de l'intensité de l'excitation.
I. — Écartement des bobines = 12. Phase réfractaire.
II. — Écartement des bobines = 6. Contraction intercalaire.
III. — Écartement des bobines = 0. Pause diastolique.
L'excitation E. reçue toujours au même moment, est marquée par une courte interruption de la courbe.
E', Effet accélérateur d'une excitation en présystole.

Un cœur de grenouille est installé de telle sorte que, par un mécanisme automatique, il reçoive *toujours au même moment* une excitation faradique dont on fait varier l'intensité en déplaçant le chariot de l'appareil d'induction. On cherche d'abord le courant juste suffisant en diastole (*fig. 1, ligne* I) qui trouve le cœur en systole réfractaire, soit 12 l'intensité de ce courant juste suffisant. En rapprochant le chariot jusqu'à ce que la bobine inductrice soit entièrement couverte, on passe par une série d'excitations (de 8 à 4 par exemple) pour lesquelles le cœur donne une contraction intercalaire (*ligne* II), puis enfin par une dernière série (de 4 à 0) qui arrête le cœur en diastole (*ligne* III). Pour un autre cœur, la force des excitations capable d'amener chacun de ces effets sera différente ; mais en tâtonnant un peu, on trouvera toujours l'intensité nécessaire pour reproduire chacun des types de la figure 5.

Ainsi, il faut admettre pour le cœur entier, au-dessus des excitations que Bowditch appelait *infaillibles,* des excitations plus fortes qui arrêtent le cœur en diastole.

Pour résumer, voici comment on peut ranger en tableau les manières d'agir du cœur excité à des moments identiques de sa systole par des courants de force variable :

INTENSITÉ DU COURANT	EFFET PRODUIT
I. — Faible (juste suffisante en diastole).	Nul (phase réfractaire).
II. — Forte.	Une contraction intercalaire (suppression de la phase réfractaire).
III. — Très forte.	Arrêt diastolique.

2° *Influence du moment de l'excitation.*

La diversité des effets qu'on obtient en excitant le cœur aux diverses périodes de sa contraction n'est pas moins curieuse. Il ne s'agit, bien entendu, que des excitations très fortes ; depuis le mémoire de M. Marey, on sait très bien ce qui se passe pour les excitations d'intensité moyenne.

L'expérience est disposée à peu près comme précédemment ; mais comme l'intensité du courant ne doit pas changer, on fixe le chariot à une division de l'échelle correspondant à une excitation que l'on sait capable d'arrêter le cœur en diastole. Il est facile de lancer l'excitation à des moments variables en interrompant à la main le courant inducteur, ou de rassembler sur la feuille de tracés des exemples convenables, si l'on a laissé au hasard le soin de varier l'instant des excitations. Voici ce que l'on constate :

L'excitation à la fin de la systole provoque une contraction intercalaire plus ou moins parfaite, plus ou moins tardive dans son apparition (*fig. 7 ligne* I).

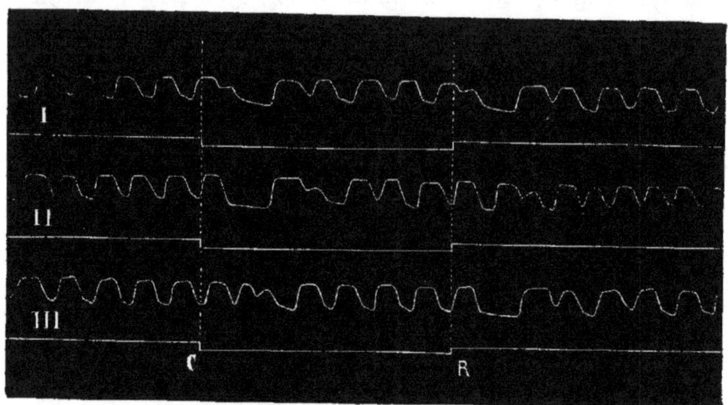

Fig. 7. — Influence du moment de l'excitation. Les excitations de clôture C et de rupture R égales à elles-mêmes sur les trois lignes, mais reçues à des phases différentes de la contraction, produisent des résultats différents.
Écartement des bobines = 4.

Si l'excitation survient un peu plus tôt, rien d'anormal ne se produit dans la contraction actuelle, mais la contraction suivante est supprimée; à sa place, la diastole se prolonge. C'est ordinairement dans la première moitié de la systole qu'il faut exciter pour obtenir la pause diastolique (*fig. 7, ligne* II, *repère* C, et *ligne* III, *repère* R).

Enfin, si en anticipant toujours on arrive tout au commencement de la systole, ou mieux à la fin de la diastole précédente, au moment qui correspond à la contraction de l'oreillette et qu'on pourrait appeler présystole, le résultat obtenu est tout autre (*fig. 7, ligne* III, *repère* C, et *ligne* II, *repère* R) : ou bien il n'y a pas de résultat apparent, les choses se passent comme si l'excitation survenait en phase réfractaire, ou bien il se produit un phénomène d'accélération assez variable dans sa forme et qui fait l'objet du chapitre suivant.

La figure 6 représente les faits tels qu'ils se passent ordinairement; bien entendu ils n'ont pas une régularité mathématique, les excitations peuvent être accélératrices au commencement de la systole, frénatrices à la fin; cela dépend de conditions accessoires qui seront indiquées. Le fait important est que, entre la fin d'une diastole et le commencement de la diastole suivante, l'excitation faradique forte du cœur a des effets très dissemblables, qu'on peut répartir en trois phases :

MOMENT DE L'EXCITATION	EFFET DE L'EXCITATION
1re phase : Présystole.	Accélération des battements
2e — Première moitié de la systole.	Arrêt.
3e — Deuxième moitié de la systole.	Contraction intercalaire.

L'ordre dans lequel se succèdent ces trois phases est constant. La durée de chacune d'elles est variable : l'intensité du courant, d'autres conditions peuvent favoriser l'extension de l'une aux dépens des autres. Avant de parler de ces autres conditions, il est bon de passer en revue les variétés du phénomène d'accélération qui vient d'être indiqué.

IV

Effet accélérateur de certaines excitations.

L'influence accélératrice des excitations tombant en présystole se traduit de plusieurs manières.

La plus fréquente est celle que représente la figure 8. Si on n'y portait attention, le trouble produit passerait inaperçu; du moins on pourrait se croire en présence d'une phase réfractaire réduite à son dernier reste, s'il n'était pas anormal de rencontrer une phase réfractaire même tout au début de la systole avec une telle intensité du courant. Du reste, avec un peu d'attention, on voit que les secousses suivantes sont plus rapprochées, les diastoles moins longues et moins complètes; mais, pour se rendre bien compte du phénomène, il faut s'adresser aux cas moins communs qui le montrent plus parfait.

Souvent encore, tout se borne à une seule contraction provoquée qui s'intercale simplement entre la systole où l'excitation est arrivée et la systole suivante, et qui n'a pas de repos compensateur (*fig. 6, ligne* II, E').

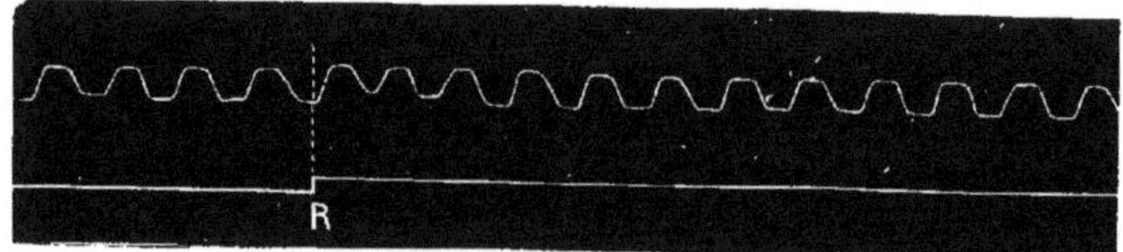

Fig. 8. — Effet accélérateur d'une excitation en présystole. Écartement des bobines = 4.

D'autres fois, on voit paraître deux, trois et même quatre contractions intercalaires petites ou grandes (*fig. 8* et *9*).

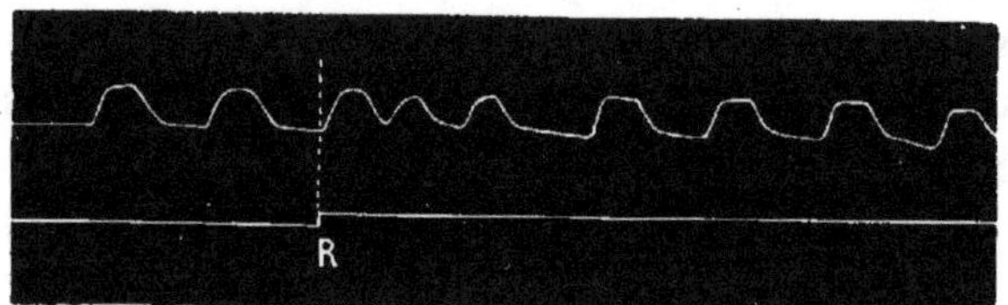

Fig. 9. — Effet accélérateur d'une excitation en présystole. Écartement des bobines = 0.

Mais le résultat de l'excitation est caractéristique quand (*fig. 10*) les contractions qui la suivent se mettent à un

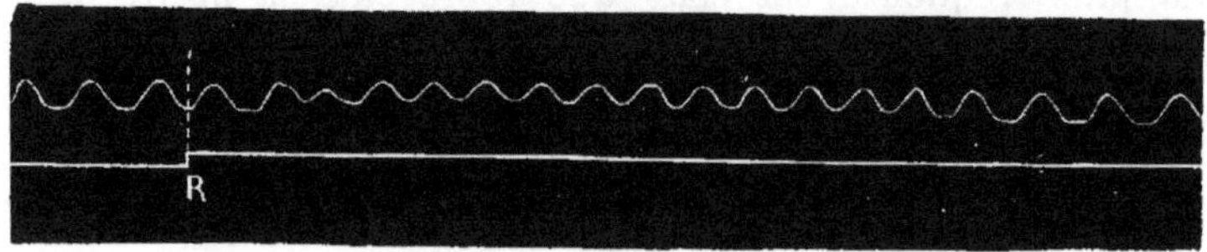

Fig. 10. — Effet accélérateur d'une excitation en présystole. Écartement des bobines = 4.

rythme accéléré qu'elles ralentissent un moment après pour reprendre leur marche normale.

Dans un cas, une excitation unique de rupture atteignant

en présystole le cœur d'une vigoureuse grenouille, au début d'une expérience, produisit un tétanos rythmique très régulier qui dura pendant un tour et demi du cylindre enregistreur et fut interrompu par une excitation accidentelle.

L'excitation R de la figure 11 a produit un résultat analogue, mais de courte durée.

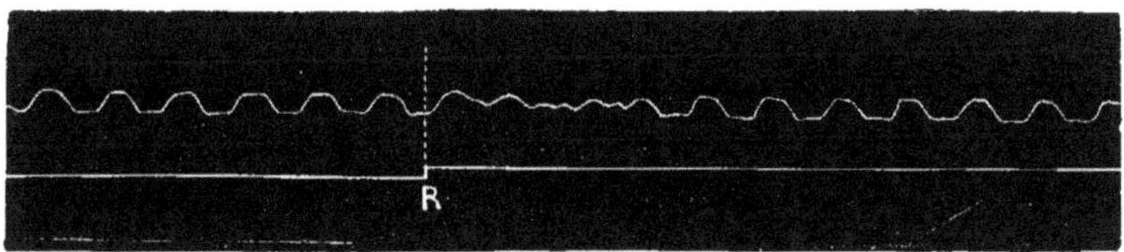

Fig. 11. — Effet accélérateur d'une excitation en présystole.
Écartement des bobines = 0.

C'est ordinairement dans l'instant qui précède le début de la systole qu'il faut exciter pour obtenir l'effet accélérateur. La remarque déjà faite pour les excitations frénatrices trouve encore ici sa place : la règle n'est pas absolue, il arrive, dans des cas, exceptionnels à la vérité, que l'influence accélératrice d'une excitation se fasse sentir même quand cette excitation survient tard en systole. C'est que le phénomène ne dépend pas d'une ou de deux conditions seulement; plusieurs circonstances qui viennent le compliquer doivent être signalées.

V

Influence de diverses conditions sur les phénomènes de frénation et d'accélération.

La manière dont le cœur répond aux excitations peut changer pour plusieurs raisons.

Un fait dont il faut d'abord tenir compte, est que toutes les grenouilles n'ont pas un cœur également excitable. En sorte qu'une excitation d'intensité donnée, suffisante sur telle grenouille pour produire tel effet, sera insuffisante sur tel autre individu de la même espèce, ou produira un effet contraire ;

ce n'est qu'en tâtonnant qu'on peut trouver sur chaque grenouille le courant qui doit amener un des phénomènes signalés plus haut. Les grenouilles employées dans ces expériences étaient toutes des grenouilles vertes de belle taille; je n'ai pas examiné si les grenouilles rousses répondaient d'une autre manière aux faradisations fortes.

Cette lacune est d'autant plus regrettable que M. Jolyet (1) a trouvé des différences notables dans la manière d'agir de ces deux espèces de grenouilles, sous l'influence du sulfate de magnésium. Une solution de ce sel ralentit et arrête le cœur très facilement chez la grenouille rousse; l'arrêt est moins net chez la grenouille verte. M. Jolyet ayant constaté que ce poison agit en excitant les ganglions modérateurs du cœur, il est très probable qu'il existe, au point de vue de la faradisation, dans l'irritabilité des nerfs de ces deux espèces de grenouilles une différence analogue. M. Jolyet a observé aussi des différences individuelles entre grenouilles de la même espèce. M. Vulpian avait fait la même remarque à propos de l'action des poisons musculaires cardiaques.

En dehors de ces particularités individuelles, quelques autres circonstances paraissent favoriser l'apparition de tel résultat plutôt que de tel autre.

Parmi celles qui semblent rendre plus forte l'action frénatrice, il faut citer : l'*état maladif* des grenouilles; souvent alors leur cœur bat plus lentement que chez les grenouilles bien portantes; leur *amaigrissement*, et même simplement un séjour prolongé dans le laboratoire; l'*épuisement du cœur* par des excitations antérieures, ou son épuisement naturel après qu'il a été excisé; *le froid*.

L'influence de ce dernier élément a été recherchée sur une demi-douzaine de grenouilles. On les examinait après les avoir laissées douze heures dans la glacière du laboratoire, puis on les réchauffait jusqu'à leur température nor-

(1) F. Jolyet et M. Laffont, *De l'action exercée par le sulfate de magnésium sur le cœur de la grenouille.* — Travaux du laboratoire de M. Jolyet, 1re année 1880-81, p. 50-51.

male, pour les examiner de nouveau. Les arrêts ne s'obtenaient pas beaucoup plus facilement quand la grenouille était refroidie; mais ils étaient plus prolongés. Ce dernier résultat doit être rapproché du fait antérieurement signalé par M. Jolyet, que l'excitabilité du nerf vague augmente par le refroidissement chez les animaux à sang chaud. M. Jolyet a montré ([1]) qu'il était possible d'arrêter le cœur chez les mammifères convenablement refroidis en excitant leur nerf vague par des agents (excitations chimiques, traumatiques, électriques faibles) auxquels on le croyait indifférent. — Il m'a semblé que sur des cœurs difficiles à arrêter, alors qu'une excitation isolée ne suffisait pas pour obtenir l'arrêt, ce résultat pouvait être atteint en répétant la même excitation au même moment sur les deux ou trois systoles qui suivaient l'excitation inefficace. L'arrêt obtenu une première fois se produisait ensuite à tout coup. Mais cela a été observé trop vaguement.

Il est logique que les conditions inverses rendent plus apparents les effets d'accélération. C'est ainsi que chez les grenouilles très vigoureuses tout récemment apportées de la campagne, on obtient moins facilement l'arrêt diastolique, alors que l'accélération des battements se produit pour des excitations envoyées même assez tard en systole. Dans une expérience sur le cœur détaché d'une grenouille fraîchement apportée au laboratoire, le cœur n'a pu être arrêté au début par les plus fortes excitations, même tétanisantes. Au bout de vingt minutes seulement après l'excision on obtenait quelques arrêts diastoliques; encore étaient-ils très courts. Ce fut aussi une grenouille fraîche qui répondit à une excitation en présystole par le tétanos rythmique de longue durée, cité au chapitre précédent.

La *chaleur* a une action très nette dans le même sens : on sait déjà qu'elle accélère les battements du cœur. Aux jours les plus chauds de cet été, les cœurs étaient beaucoup plus

([1]) *Soc. Biol.*, 20 octobre 1877, p. 391.

réfractaires aux effets d'arrêt, et l'on vient de voir que le froid paraît favorable à l'action frénatrice. Sur une grenouille préalablement refroidie qui avait été réchauffée et dont le cœur était devenu très actif, l'excitation en présystole provoquait toujours trois ou quatre contractions intercalaires.

Enfin, il est curieux de noter que la *distension* est, d'une manière générale, défavorable à l'inhibition. M. Dastre a démontré, par de curieuses expériences (1), qu'elle est une des causes excitatrices des battements spontanés du cœur, et M. Pitres m'avait tout d'abord mis en garde contre elle quand il fallait opérer sur des cœurs pleins de sang. La figure 12 confirme ces idées : au début de l'expérience, le cœur en place de la grenouille qui a fourni le tracé s'arrêtait pour toute excitation survenant en systole; on serre une ligature passée autour du bulbe aortique, et le cœur se distend; à partir de ce moment, on voit ce cœur répondre différemment : ainsi, l'excitation envoyée au moment C produisait tout à l'heure un arrêt diastolique; elle provoque maintenant une série de quatre contractions intercalaires.

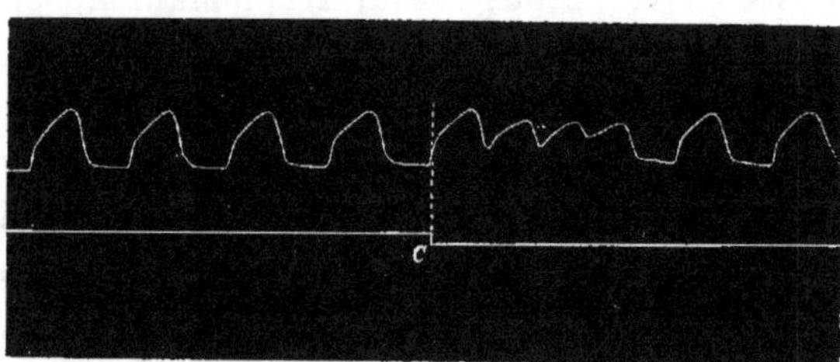

Fig. 12. — Effet accélérateur d'une excitation en systole sur un cœur distendu. — C, clôture. Écartement des bobines = 1.

Pour tenir un compte exact de toutes ces influences, il eût fallu vérifier si tel courant juste suffisant pour un certain effet devenait inefficace quand l'influence mise à l'étude entrait en jeu. Le temps manquait pour examiner les faits avec cette précision; cependant, tels qu'ils sont signalés, leur probabilité est assez grande.

(1) *Loc. cit.* — *Expérience des deux cœurs conjugués, etc.*

VI

De quelle partie du cœur dépend l'action frénatrice sollicitée par les excitations faradiques fortes.

Le cœur est un ensemble compliqué d'appareils musculaires et nerveux dont la collaboration est nécessaire pour le fonctionnement régulier de l'organe entier. Auquel de ces appareils faut-il attribuer l'influence modératrice dont l'existence vient d'être établie?

1° Et d'abord dépend-elle du *muscle?* Cela n'est pas probable pour deux raisons : d'une part, le muscle, pendant l'arrêt diastolique, n'est pas réfractaire aux excitations qu'on lui envoie; il se contracte et sa contraction est souvent égale en amplitude à celles qu'il donne normalement; d'autre part, M. Dastre a signalé l'absence du repos compensateur après les contractions intercalaires de la pointe isolée. M. Dastre a conclu de cette expérience que le repos est dû à une influence nerveuse, et la même conclusion s'applique à l'arrêt diastolique si l'on reconnaît l'étroite parenté de ces deux phénomènes. Ces probabilités peuvent donc, à la rigueur, tenir lieu d'une démonstration directe; elles sont confirmées par le fait suivant.

2° L'action d'arrêt fait défaut sur le *ventricule isolé.* — En la recherchant, il faut prendre garde de se laisser induire en erreur par la manière dont se comporte le ventricule excisé; on sait que son rythme se ralentit progressivement jusqu'à un arrêt terminal plus ou moins hâtif; mais quelquefois ce ralentissement se fait d'une manière irrégulière; la série des battements est coupée par des pauses; si fortuitement une pause se produit au moment où le cœur vient de recevoir une excitation, on peut être tenté d'attribuer à cette dernière une influence qu'elle n'a pas eue; il faut, pour éviter cette cause d'erreur, s'être servi plusieurs fois de la même excitation et l'avoir trouvée inefficace. Si l'on veut bien admettre cette interprétation, on peut dire que le ventricule n'a pas d'arrêts diastoliques à la suite des excitations d'intensité maximum.

Il semble donc que l'inhibition ne dépend pas des ganglions de Bidder [1].

3° Cela conduit assez naturellement, par élimination successive, à donner cette fonction aux cellules nerveuses des *oreillettes* et du sinus. C'est l'opinion de M. Ranvier, que l'inhibition relève de ces cellules; il a montré que, tandis que toute excitation faible provoque une accélération dans les battements des oreillettes, une excitation forte les arrête au contraire. En répétant sur les oreillettes isolées avec le sinus, les expériences que j'ai indiquées pour le cœur entier, je me suis assuré que l'arrêt diastolique se produisait de la même manière; mais il n'a pas paru se prolonger davantage.

4° Il n'est pas facile de répondre d'une manière satisfaisante à l'objection très admissible que l'excitation capable de produire la pause diastolique amène ce résultat par son action sur les terminaisons du pneumogastrique. On ne connaît pas de moyen mécanique de rompre dans ses terminaisons les relations de ce nerf avec l'appareil ganglionnaire du cœur; mais il y a cependant quelques probabilités que les choses se passent bien en dehors de lui.

A. Le *curare* qui, d'après l'opinion généralement admise, agit à haute dose sur les terminaisons du pneumogastrique comme sur les terminaisons des nerfs moteurs de la vie animale, le curare respecte l'action d'arrêt. Un grand nombre des expériences faites à propos de cette étude portaient sur des grenouilles curarisées complètement.

B. *Action de l'atropine.* — L'atropine, à l'exemple du curare, n'abolit pas cette action d'arrêt.

[1] Dans un seul cas, sur le ventricule isolé, les diastoles consécutives à des contractions intercalaires paraissaient régulièrement un peu plus longues que les autres. Les battements spontanés ayant cessé vite, les tentatives d'arrêt ne furent d'ailleurs pas nombreuses. Faut-il admettre que les ganglions de Bidder de ce cœur avaient une puissance frénatrice que les autres n'ont pas ?

Au premier abord, si l'on s'en rapporte à l'opinion généralement admise sur le mode d'action de cette substance, cette proposition peut surprendre. On admettait généralement que l'atropine avait une action spéciale sur l'appareil modérateur du cœur : cet appareil étant en quelque sorte paralysé par elle, les organes accélérateurs débarrassés de leur frein entraient aussitôt en action; on expliquait ainsi le rythme plus rapide des battements du cœur atropinisé. Chez la grenouille, dont l'appareil modérateur ne fonctionne pas d'ordinaire, il était logique de supposer que l'atropinisation ne modifierait pas le rythme, mais empêcherait d'arrêter le cœur par la faradisation en systole, étant donnée l'hypothèse que cette action d'arrêt se produit par l'intermédiaire des éléments nerveux atteints par l'atropine. Il n'en a pas été ainsi : sur une douzaine de grenouilles chez lesquelles on a cherché à arrêter le cœur après atropinisation, l'arrêt n'a manqué qu'une fois; chez toutes les autres grenouilles, on le produisait aussi facilement après qu'avant l'atropinisation. Sur deux ou trois même, cet arrêt a paru plus complet après atropinisation; mais cela n'est pas certain.

Il est bon de noter en passant que chez toutes les grenouilles atropinisées, l'intoxication s'est manifestée par un ralentissement progressif et très notable des battements. MM. Grasset et Amblard ont beaucoup insisté sur ce ralentissement [1]. Ce fait doit-il faire accepter la théorie de Rossbach et Fröhlich [2] que l'atropine excite les centres d'arrêt chez les grenouilles? Cette discussion dépasse les limites de ce travail : il suffit pour le moment de reconnaître que l'atropine ne diminue en rien l'action frénatrice des excitations reçues par le cœur en systole, et de remarquer que, si, selon l'opinion soutenue par M. Franck et M. Laborde [3], l'atropine agissait comme le curare à haute

(1) S. Grasset et A. Amblard, *Émétine et Atropine. Action isolée et comparée*, etc. — *Montpellier Médical*, t. XLVII, nos 2, 3, 4; 1881.

(2) J. Rossbach et Fröhlich, *Anal. Rev. des Sc. Méd.*, t. III, p. 50, 1874.

(3) François Franck, *Action paralysante de l'Atropine sur la fonction modératrice du cœur*, etc. — *Soc. de Biol.*, 19 janvier 1884.

dose, en décrochant le pneumogastrique à ses extrémités, si chez l'animal atropinisé l'excitation de ce nerf ne changeait rien au rythme cardiaque, il y aurait là une preuve directe que l'action d'arrêt est indépendante du pneumogastrique, puisqu'elle persiste après la « section physiologique » de ce nerf (1).

C. *Différences entre l'arrêt du cœur par excitation directe et l'arrêt par excitation du vague.* — Il y a, enfin, une distinction à faire entre l'arrêt du cœur produit par l'excitation directe et l'arrêt consécutif à l'excitation du pneumogastrique, non pour la nature du phénomène, qui paraît le même dans les deux cas, à en juger d'après ce qu'ont écrit et figuré les auteurs qui se sont occupés de l'action frénatrice du vague; mais la comparaison de ces deux manières d'arrêter le cœur montre quelques différences de détail qu'on ne doit pas négliger.

Le pneumogastrique et l'appareil frénateur du cœur ne sont pas excitables de la même manière. Convenablement appliquée au cœur, une excitation unique de rupture suffit pour l'arrêter en diastole; une excitation de rupture, même très forte, sur le pneumogastrique n'a jamais pu donner ce résultat à M. de Tarchanoff (2). Le pneumogastrique ne répond qu'à des décharges multipliées. — Il est très probable qu'il n'y a ici qu'une question de degré dans l'excitabilité; une pareille différence n'existerait peut-être pas chez

(1) On s'est servi dans ces expériences de deux solutions fortes de sulfate neutre d'atropine, l'une au 1/10, l'autre au 1/20.

Les grenouilles étaient d'abord curarisées jusqu'à immobilité absolue. Ce résultat obtenu, on prenait une série de tracés pour juger de la manière dont chaque grenouille réagissait aux excitations faradiques avant l'atropinisation. On instillait ensuite l'atropine directement sur le cœur à la dose de deux gouttes (solution à 1/10) ou quatre gouttes (solution à 1/20). Cette quantité était ordinairement suffisante pour amener le ralentissement caractéristique de l'intoxication; dans le cas où elle ne suffit pas, on ajoute, goutte par goutte, un peu de la solution. En agissant sans cette précaution, on risquerait d'atteindre les doses trop fortes qui aboutissent rapidement à l'arrêt du cœur et altèrent la forme de ses contractions, probablement en agissant sur le muscle lui-même.

(2) Jean de Tarchanoff, *Innervation de l'appareil modérateur du cœur chez la grenouille.* — Trav. du lab. de M. Marey, 1876, p. 289-305.

François-Franck, *Effets des excitations des nerfs sensibles sur le cœur, la respiration et la circulation artérielle.* — Même recueil, 1876, p. 235 (note).

d'autres animaux. M. Dastre [1] a obtenu l'inhibition par le pneumogastrique chez la tortue avec une excitation unique de rupture.

Dans son mémoire, M. de Tarchanoff a dit aussi [2] que le moment le plus favorable pour exciter le pneumogastrique, quand on veut qu'il montre sa puissance frénatrice avec le plus de rapidité, correspond à ce qu'il appelle la phase diastolo-systolique, c'est-à-dire à la fin de la diastole. On a vu que c'est un peu plus tard (milieu de la systole) qu'il faut exciter le cœur même pour obtenir sûrement un arrêt diastolique, et que chez certaines grenouilles, l'excitation très forte pouvait être retardée jusqu'à la fin de la systole sans perdre son influence frénatrice. En sorte que si l'on dit que dans l'arrêt du cœur par le pneumogastrique il y a toujours une contraction qu'on ne peut supprimer entre le choc électrique et le résultat produit, on peut dire aussi que dans l'arrêt par excitation directe, l'intervalle est réduit à une demi-contraction et peut-être moins, car il est difficile de savoir sur la courbe à quel moment commence la perturbation, puisque la diastole par inhibition ne se distingue des autres qu'en ce qu'elle est plus longue et plus complète. Ce temps perdu après l'excitation du nerf trouve une explication acceptable dans le trajet que l'excitation doit parcourir quand elle passe par le vague et dans les obstacles qu'elle rencontre sans doute sur son passage. En définitive, dans les deux cas, la faradisation aboutirait au même organe pour l'exciter de la même manière, mais dans le cas d'excitation du pneumogastrique elle arriverait moins vite.

En résumé, c'est aux ganglions du cœur situés dans le sinus veineux et dans les oreillettes (ganglions dont le rôle frénateur était déjà reconnu) qu'il faut attribuer la puissance frénatrice mise en jeu par l'excitation électrique forte du cœur entier.

(1) Dastre et Morat. — *Soc. Biol.*, 11 août 1877, p. 388.
(2) *Loc. cit.*, p. 300.

VII

D'un certain effet des excitations de plus en plus rapprochées survenant en diastole.

Il est un fait, celui qui est représenté dans la figure 13, que tout d'abord l'on pourrait être tenté de rapprocher de ceux qui viennent d'être signalés. Un cœur de grenouille excisé et en bon état inscrit sur le cylindre ses battements normaux ; si alors on s'applique à lui envoyer régulièrement vers la fin de chaque diastole une excitation faradique de grande intensité, on voit l'amplitude des contractions décroître d'une manière graduelle et, en même temps, la durée de chaque contraction diminuer, de telle sorte que si l'on s'efforce de donner l'excitation toujours au même moment, ces excitations se rapprochent forcément les unes des autres, et le cœur est amené peu à peu à répondre par des contractions isolées très courtes à des secousses d'induction assez fréquentes pour le maintenir en tétanos quand elles se succèdent avec cette rapidité [1]. La courbe s'abaisse ainsi jusqu'à une limite où les oscillations du cœur ne sont plus perceptibles; si l'on suspend à ce moment les excitations, le cœur demeure arrêté pendant un temps plus ou moins long; les battements reviennent ensuite d'abord faibles et rares, puis de plus en plus forts et fréquents, jusqu'à ce que le tracé ait repris sa forme normale. Cette reprise en escalier paraît identique à celle qui termine les pauses diastoliques produites par les fortes tétanisations. Il est plus que probable, en effet, qu'elle est de même nature et qu'elle dépend d'une intervention des ganglions frénateurs; mais cette interprétation n'est pas admissible pour la diminution

[1] Il est indispensable pour que l'expérience réussisse d'opérer sur un cœur vigoureux et frais. Quand l'épuisement a ralenti le rythme et allongé les contractions, on ne peut plus répéter les excitations avec la rapidité nécessaire, d'autant plus que dans ces conditions le muscle cardiaque a une facilité extraordinaire à entrer en tétanos de tonicité.

progressive de l'amplitude des contractions qui précèdent le repos. La même particularité s'observe en effet sur le ventricule isolé et sur la pointe du cœur quand on les traite de la même manière. Il est évident que dans ce dernier cas la deuxième partie du phénomène (escalier) manque, faute de contractions spontanées.

Ces faits suffisent pour empêcher d'attribuer à l'appareil ganglionnaire l'amoindrissement progressif des contractions.

Il est également inadmissible que la fatigue ait une part dans le phénomène. L'escalier de descente de la figure 12 rappelle assez bien les courbes où Kronecker a décrit sa ligne de fatigue, que Bowditch a signalée dans le cœur et figurée ([1]); mais chaque contraction prise à part manque du caractère le plus apparent et le plus caractéristique de la fatigue du muscle d'après M. Marey, l'allongement de la contraction. Au contraire, on a vu que la contraction est raccourcie.

S'il fallait absolument donner une explication de ce fait curieux, il serait sans doute plus logique de supposer que, la première excitation atteignant le cœur un peu avant la fin de sa diastole, provoque une contraction qui nécessairement est moins ample que la contraction spon-

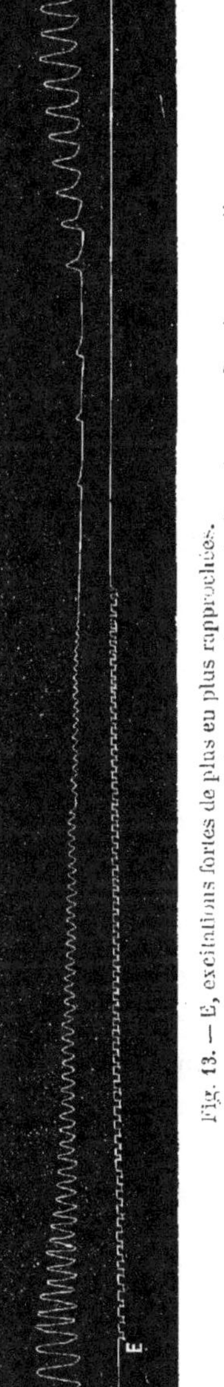

Fig. 13. — E, excitations fortes de plus en plus rapprochées. Amoindrissement rapide des contractions. Arrêt diastolique. — Reprise en escalier

([1]) Bowditch (H.-P.), *Ueber die Eigenthümlichkeiten der Reisbarkeit, welche die Muskelfasern des Herzens zeigen. — Leipziger Berichte*, 1871, p. 674.

tanée précédente, à cause du moment de moindre irritabilité où le muscle cardiaque a reçu la provocation. Si le même fait se produit pour chacune des contractions provoquées, l'abaissement progressif du sommet des systoles est fatal. L'arrêt consécutif, les diastoles plus profondes, attribuables à l'excitation simultanée de l'appareil modérateur quand il s'agit du cœur entier, ne trouvent plus d'explication quand le même fait existe pour la pointe isolée.

Enfin, on ne saurait admettre que le muscle soit atteint dans sa contractilité, car si on l'excite de nouveau, un peu après la cessation de la série des interruptions fréquentes, il donne une contraction dont l'amplitude, inférieure à la normale, dépasse notablement celle des dernières contractions de l'escalier descendant.

Il est regrettable que l'explication de ce curieux effet des faradisations fortes nous échappe aussi complètement ; il fallait cependant le décrire pour le distinguer des faits analogues dus à l'action des ganglions d'arrêt, et dont il semblerait se rapprocher au premier abord.

VIII

Interprétation des expériences.

Le cœur détaché du corps continue à battre parce que les centres ganglionnaires qu'il porte en lui fournissent incessamment à son muscle l'excitant dont il a besoin pour se contracter.

Les histologistes s'accordent aujourd'hui à reconnaître l'existence de trois groupes de ganglions intra-cardiaques (1) ;

(1) Ranvier. *loc. cit.*, leç. 5e, 6e, 7e, 8e.

Voyez un excellent résumé avec schéma dans les leçons de M. Pitres, publiées par M. Vaillard : *Anatomie et Physiologie générales du muscle cardiaque*. — *Revue de Médecine*, 1882, p. 700 et suiv.

Les leçons de M. Jolyet sur le système nerveux du cœur (semestre d'été 1884) m'ont été d'une grande utilité.

ces ganglions accompagnent les nerfs cardiaques antérieur et postérieur, prolongement du pneumogastrique; le premier groupe (ganglions de Remak) est situé dans la paroi du sinus veineux, au point où le pneumogastrique entre dans le cœur: les cellules du deuxième groupe sont éparpillées le long des nerfs cardiaques antérieur et postérieur, dans la cloison qui sépare les deux oreillettes (ganglions de Ludwig). Les éléments constitutifs de ces premiers ganglions appelés cellules à fibre spirale, présentent une structure tout à fait particulière; ces cellules manquent dans les ganglions du ventricule, ou n'y sont qu'en très petit nombre. Les derniers (ganglions de Bidder), bien délimités, occupent le bord supérieur du ventricule, l'un en avant, l'autre en arrière, au voisinage immédiat des oreillettes; tout le reste du ventricule paraît dépourvu de cellules nerveuses.

Des recherches très nombreuses instituées pour déterminer les fonctions de cet appareil nerveux intra-cardiaque, les premières en date et en importance sont celles de Stannius (1).

Stannius a fait sur le cœur de la grenouille une longue série d'expériences très variées. Deux de ces expériences sont fondamentales :

(Exp. 7.) Une ligature, serrée sur l'embouchure du sinus veineux cave dans l'oreillette, arrête pour longtemps le cœur en diastole.

(Exp. 10.) Le ventricule du cœur ainsi arrêté se remet à battre si l'on place une nouvelle ligature sur le sillon auriculo-ventriculaire; les oreillettes restent immobiles.

A plusieurs reprises on a refait et contrôlé ces expériences; leur interprétation a soulevé de longues discussions (2) et

(1) Stannius, *Zwei Reihen physiologischer Versuche* (*Arch. de Müller*, 1852, p. 85). Trad. Ranvier, *loc. cit.*, p. 123 et suiv. (note).

(2) Un premier sujet de discussion fut de savoir si les ligatures agissaient en supprimant l'un des centres ou en excitant son antagoniste. L'accord n'est pas établi sur ce point entre les partisans de Von Bezold et Goltz (1re théorie) et ceux de Ludwig et Heidenhain (2e théorie). — V. *Hermann's Handbuch der Physiologie. Innervation des Herzens*, par H. Aubert, IV. Bd. I. Theil, p. 364 et suivantes.

provoqué l'apparition de plusieurs hypothèses, dont aucune n'a mérité d'être définitivement acceptée. La mieux reçue, qui semble avoir été celle de Stannius, admet dans le cœur deux centres nerveux : 1° l'un excitateur, situé dans le sinus : le cœur s'arrête quand on le sépare de ce centre *(Exp. 7)*; 2° l'autre frénateur, logé dans les oreillettes : sa suppression permet au cœur de reprendre ses battements *(Exp. 10)*.

M. Ranvier a repris et complété les travaux des physiologistes allemands; il a présenté une nouvelle théorie qui s'appuie surtout sur les résultats de l'excitation des diverses parties du cœur isolées les unes des autres :

L'oreillette isolée, soumise à des excitations mécaniques et électriques, accélère ses battements si l'excitation est faible, les suspend si l'excitation est forte;

Les battements du ventricule isolé se ralentissent assez vite et s'arrêtent; une excitation les fait revenir, et pour un temps relativement long. Les choses se passent comme si le ventricule emmagasinait une partie de l'excitation pour la débiter en détail et en prolonger l'effet.

D'après M. Ranvier, les centres frénateurs seraient constitués par les cellules à fibres spirales des oreillettes et du sinus.

Les cellules des ganglions de Bidder, qui « ont besoin, » pour agir, d'être elles-mêmes excitées, ne peuvent, par » conséquent, être considérées comme les véritables centres » des mouvements automatiques. Elles accumulent l'exci- » tation qui leur est communiquée et la distribuent ensuite » d'une manière régulière. »

C'est cependant dans le cœur même qu'il faut chercher la source de l'excitation, puisqu'il bat quand il est isolé. « Il » est impossible de placer le centre excitateur ailleurs que » dans les cellules à fibres spirales, les mêmes que nous » avons considérées comme cellules frénatrices... Abandon- » nées à elles-mêmes, et en vertu de leur activité propre, » elles dégagent constamment l'excitant qui est nécessaire » à la mise en jeu du muscle cardiaque. Mais il peut leur

» arriver du pneumogastrique, ou d'un autre centre ganglion- » naire situé dans le cœur lui-même, une force qui fasse équi- » libre à celle qu'elles produisent elles-mêmes, pour la dimi- » nuer ou la supprimer; dans ce dernier cas, le cœur doit » nécessairement s'arrêter [1]. »

Il y aurait donc dans le cœur : — des ganglions du sinus et des oreillettes producteurs à l'état normal de l'excitation qui entretient les battements rythmiques du muscle; ces ganglions seraient aussi le siège de l'action modératrice; — des ganglions du ventricule qui régularisent l'emploi de la force fournie par les précédents.

En discutant ici les résultats des expériences exposées dans le présent travail, je désire montrer comment elles s'accordent avec cette hypothèse, qui est la plus autorisée. Bien entendu, les remarques qui suivent ne sont fondées que sur des suppositions, et elles n'ont d'autre but que de rapprocher les faits pour les mieux comprendre.

On se rend suffisamment compte de l'*arrêt diastolique* du cœur en l'expliquant, d'après les données actuelles, par la mise en non-activité subite de l'appareil d'accélération par le système frénateur. A l'état normal, chez la grenouille, le cœur ne paraît sentir l'influence que de ses ganglions accélérateurs, qui le maintiennent dans une sorte de tonicité; les secousses du muscle se suivent assez rapidement pour que son relâchement ne soit jamais complet; et sur un graphique on peut marquer la limite de ce relâchement à une ligne d'abscisse qui passerait par le point le plus inférieur de chaque diastole. Dans le cas d'inhibition, les ganglions accélérateurs, momentanément paralysés, abandonnent le muscle à lui-même; il se laisse alors distendre dans un relâchement absolu, facile à voir sur l'organe même et sur les tracés, où la courbe tombe bien au-dessous de la limite indiquée précédemment.

[1] *Loc. cit.*, p. 170 et suiv.

M. Ranvier a expliqué par l'action de l'appareil ganglionnaire frénateur le repos du cœur après une excitation tétanisante. M. Pitres est disposé à étendre cette explication à la reprise en escalier des battements spontanés.

La force frénatrice qui vient de mettre le cœur au repos a été portée à son maximum au moment même de l'excitation; en s'épuisant, elle revient lentement à son état normal où l'on sait que, pour le cœur de la grenouille, elle paraît nulle; il vaudrait mieux dire qu'elle est latente. Pendant ce retour à la normale, il y a un moment où elle est égale au pouvoir accélérateur antagoniste qu'elle a surmonté un moment; puis elle s'affaiblit encore. Alors ce pouvoir accélérateur reprend son action et le cœur se remet à battre; l'appareil frénateur, qui ne peut plus maintenir le cœur au repos, est encore, pendant un certain temps, capable d'enrayer ses mouvements, et son influence se fait sentir sur l'amplitude des secousses, jusqu'au moment où il est revenu à son inaction ordinaire.

En somme, l'action frénatrice forte se manifeste par l'arrêt du cœur; faible, par l'amoindrissement de ses contractions. On a déjà vu (p. 11) que, dans certains cas, l'effet d'une excitation frénatrice était une diminution (escalier) dans l'amplitude de quelques contractions sans arrêt diastolique.

La particularité qu'offrent les excitations faradiques fortes de faire réagir le cœur d'une manière variable aux divers moments de sa contraction (v. exp. du chap. III), semble indiquer que ces excitations agissent sur des parties distinctes de cet organe.

Ces excitations ne sont *inhibitoires* que pour le cœur entier, ou pour les oreillettes et le sinus, comme si elles n'agissaient que sur les ganglions contenus dans cette partie du cœur. La localisation de la fonction frénatrice dans cette portion de l'appareil nerveux du cœur paraît donc justifiée. Les différences qui existent entre l'arrêt du cœur par excitation du vague et l'arrêt par excitation directe, l'action de l'atropine, semblent démontrer que cet appareil frénateur appartient bien en propre au système des ganglions intra-cardiaques et qu'il n'est pas, avec le nerf, dans une dépendance absolue.

Les expériences relatives à la fonction accélératrice, sont trop incomplètes pour servir à élucider le mécanisme des phénomènes d'accélération, beaucoup moins connus d'ailleurs que les faits d'inhibition. Cependant, le fait spécial de la mise en jeu constante de cette fonction accélératrice par les excitations en présystole est susceptible d'une explication. On peut appliquer cette dernière à l'apparition plus facile en systole des effets inhibiteurs.

Comme les divers appareils qui entrent dans la constitution du cœur (appareils ganglionnaires accélérateur et frénateur, appareil musculaire) sont également sensibles aux excitations électriques fortes, il faut se demander si la diversité des réponses du cœur entier à ces excitations ne provient pas d'une variabilité rythmique dans l'irritabilité de chacune de ses parties.

Pour le muscle, c'èst un fait acquis que son excitabilité est très variable aux diverses périodes de sa contraction. M. Ranvier dit : « Du fait même que le muscle est rythmé, il » suit qu'il n'est pas toujours prêt à répondre de la même » façon à l'excitant (1). »

M. Marey (2) a soigneusement déterminé les variations de cette excitabilité qui, pour lui, augmente régulièrement depuis le commencement de la systole jusqu'à la fin de la diastole, et tombe à son minimum au moment où une nouvelle systole commence. M. Dastre (3) a contrôlé ces expériences sur la pointe isolée, et quoique ses résultats s'écartent un peu de ceux de M. Marey, il admet aussi que l'excitabilité du muscle cardiaque est maximum à la fin de la diastole.

(1) *Loc. cit.*, p. 61.
(2) *Mém. cit.*, *pass.*
(3) *Mém. cit.*, p. 448.

Sur l'excitabilité des ganglions, on n'a aucune donnée. Il n'est pas impossible que l'appareil accélérateur soit plus apte à recevoir les excitations, en présystole, quand la contraction se prépare. C'est aussi le moment où se manifeste le mieux une influence excitatrice de premier ordre pour le muscle et pour la fonction accélératrice, la distension (voir ci-dessus, p. 20).

Qu'arrive-t-il quand une excitation atteint le cœur?

Chacun des trois appareils en prend une part proportionnelle à son excitabilité du moment. Est-ce l'instant où la diastole finit, le muscle est dans les meilleures conditions pour réagir; la distension, l'état probable des ganglions favorisent et multiplient cette réaction : l'excitation a un effet accélérateur. Il n'est pas nécessaire que la puissance frénatrice soit diminuée au même instant; elle peut rester égale à elle-même et devenir insuffisante si les influences antagonistes sont augmentées. — Un peu plus tard, au contraire, au commencement de la systole, les conditions accélératrices ont disparu; le muscle a perdu tout ou partie de son excitabilité; il n'y a plus de distension; peut-être l'appareil excitateur qui vient d'agir a besoin de repos; enfin, l'appareil frénateur a la voie libre, et si l'on provoque son activité, il *inhibera* ses antagonistes trop faibles pour lui résister. — Plus tard, et en diastole, le premier effet de l'excitation électrique sera une contraction du muscle. En même temps, les ganglions irrités ensemble réagiront à leur manière; mais le seul résultat visible dépendra de celui des deux qui, pour un motif quelconque, aura momentanément la suprématie. Si l'appareil frénateur l'emporte, un repos diastolique suit la contraction provoquée; si, au contraire, il est trop faible, le repos manque après la contraction provoquée, ou même l'excitation amène une série de plusieurs contractions.

On pourrait résumer ces remarques en une formule : *la réaction du cœur aux excitations électriques est la somme algébrique de trois facteurs (les réactions de chaque appareil).*

de signe différent et variable, au moins pour l'un d'eux (réaction du muscle), sous l'influence de conditions déterminées.

Conclusions.

I. L'excitation électrique du cœur pendant la période systolique provoque une contraction intercalaire si elle est de force moyenne; si elle est très forte, elle arrête le cœur en diastole.

II. Elle semble produire cet effet en agissant sur un appareil frénateur situé dans le sinus et les oreillettes, qui fait partie du système nerveux intra-cardiaque.

III. La même excitation forte, si elle est lancée tout au début de la systole, produit une accélération des pulsations.

IV. Ainsi, les choses se passent quand on excite le cœur aux diverses périodes de sa contraction, comme si l'on atteignait individuellement chacun de ses appareils nerveux :

L'excitateur, tout à fait au commencement de la période systolique;

Le frénateur, pendant cette période systolique.

APPENDICE

Technique des expériences.

Les expériences ont porté sur le cœur de la grenouille verte (*R. esculenta*, L.), tantôt détaché, tantôt en place. Dans ce dernier cas, l'animal était immobilisé par une curarisation complète.

Il est inutile d'insister sur les appareils employés : cylindre enregistreur, cardiographe de Ranvier, pince de Marey modifiée par M. Jolyet, etc.

L'excitation était fournie soit par deux piles de Gaiffe à courant continu combinées avec l'appareil à chariot de Tripier (bobine à fil fin), soit par six éléments de Daniell, type moyen, avec le chariot de Dubois-Reymond. L'intensité des excitations était à peu près égale dans les deux cas pour une même division de l'échelle du chariot. Elle est notée, pour chaque expérience, d'après le degré d'écartement des bobines.

Le plus souvent, l'interruption se faisait à la main; si l'on prend soin que le signal de Deprez et le style enregistreur oscillent avec exactitude sur la même droite, on peut avoir des tracés très précis. J'avais pensé qu'il serait meilleur de se servir des mouvements mêmes du cœur pour interrompre automatiquement le courant, au besoin même pour inscrire l'excitation. Après bien des essais infructueux pour adapter, soit au levier du cardiographe, soit au contrepoids de la pince myographique, un système réalisant ce but, j'ai pu, grâce à l'aide de mon ami le Dr Boyé, fabriquer un petit appareil qui m'a servi à contrôler quelques-unes des expériences déjà faites; nous l'avons achevé trop tard pour faire profiter ces recherches des avantages qu'il nous paraît présenter. Voici, quoi qu'il en soit, comment il est conçu :

Le dispositif a pour but : 1° d'interrompre automatiquement le courant induit, pour que le cœur ne reçoive que le choc de rupture; 2° le courant inducteur, pour que l'excitation arrive à une période déterminée de la contraction; 3° enfin, de marquer d'une manière précise le moment de l'excitation, en utilisant, pour l'inscrire, le même levier qui inscrit les mouvements du cœur.

Une représentation schématique du petit appareil *(fig. 14)* aidera à comprendre son fonctionnement.

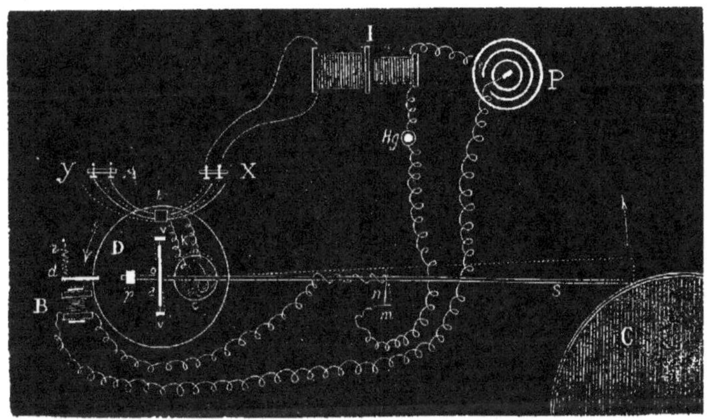

Fig. 14. — Schéma de l'appareil.

C est le cylindre enregistreur; P, une pile; I, un appareil d'induction.

En *c* se trouve le cœur qui inscrit ses battements à l'aide du style S, muni d'un contrepoids *p* et supporté par les pieds *vv*, sur lesquels son axe horizontal *a* repose et tourne sur pointes pour éviter les mouvements de latéralité. Le cœur est posé sur un petit plateau auquel aboutissent les conducteurs du courant induit, par l'intermédiaire de l'interrupteur *t*; l'ensemble, fixé sur un disque horizontal D, tourne sur un axe vertical qui passe par le centre *o*.

Le fil inducteur, après avoir traversé la bobine inductrice, plonge en *Hg* dans une cupule de mercure servant d'interrupteur, puis rencontre en *mn* un nouvel interrupteur mu automatiquement par le style. Un des segments du fil de pile est fixé au style dont il suit les mouvements, et finit en *n* par un bout très mince perpendiculaire au style et horizontal; *m* est le bout de l'autre segment du fil, horizontal aussi, mais parallèle au style; *m* étant situé un peu plus haut que *n*, il n'y a pas contact habituellement entre les deux fils. Quand le cœur soulève le style, le fil *n* s'élève avec ce dernier et rencontre *m* en un point de sa course, que l'on règle à volonté en abaissant ou élevant le niveau de *m*. Si le circuit est déjà fermé en *Hg*, le contact de *m* avec *n* complète la fermeture, et le courant passe; si le circuit est ouvert en *Hg*, les fils se rencontrent et se quittent sans nuire en rien, grâce à leur flexibilité, aux oscillations normales du style. Mais supposons que ce courant passe, il met aussitôt en activité l'appareil d'induction I, dont les fils induits vont exciter le cœur, et l'électro-aimant B, qui fait partie du circuit. En entrant en activité, l'électro-aimant attire son contact *d*, lequel est solidaire du disque D, et entraîne dans son mouvement tout le système, particulièrement le style S. Il en résulte que, dès que le contact est établi en *nm*, dès que le cœur reçoit une excitation, la plume du style quitte le papier noirci du cylindre, et le tracé est interrompu; mais il reprend aussitôt, car le contact en *nm* est très court. Au moment où le cœur reçoit l'excitation induite de rupture, le contact *d* abandonne son électro-aimant, qui est ramené à sa position primitive par le ressort *r*, et, du même coup, le style rappliqué sur le cylindre se remet à inscrire.

Il s'est produit ainsi une excitation au moment de la contraction du cœur, déterminée par l'expérimentateur, et cette excitation a été inscrite au même moment sur la courbe des contractions. Le choc de clôture a eu lieu exactement au début de la lacune dans l'inscription, le choc de rupture exactement au point où cette lacune finit.

Pour que le cœur ne reçût qu'une excitation unique, il fallait nécessairement placer un troisième interrupteur sur le courant induit, et, pour éviter au cœur une excitation unipolaire peu négligeable, couper à la fois le circuit sur les deux fils. Nous avons placé sur le disque D un petit support isolant *t*, qui fixe par leur milieu deux arcs de fil métallique fin reliés individuellement au cœur par les conducteurs k. Vis-à-vis des extrémités de ces fils et au même niveau, sont situés en x deux boutons de cuivre en rapport avec les fils induits. Les choses sont arrangées pour que, pendant le repos, les arcs soient éloignés de x. Supposons qu'une excitation se produise par l'établissement du contact en nm : au moment où le courant de clôture se produit dans la bobine induite, rien n'arrive au cœur, qui n'est pas en communication avec la bobine; mais le support t suit les mouvements du disque que l'électro-aimant B fait tourner; il en résulte que les fils qu'il soutient viennent bientôt s'appliquer sur les boutons en x ; par ce mécanisme, le contact est établi au moment du courant de rupture qui passe par le cœur, et ce n'est que quand l'excitation a été reçue que l'appareil reprend sa position primitive. En mettant les fils induits en contact avec les boutons y, il est aisé de voir qu'on aboutirait au résultat inverse : le cœur ne recevrait que l'excitation de clôture.

Il est évident que, en laissant les choses ainsi disposées, le contact mn est établi deux fois pour chaque contraction du cœur à l'ascension et à la descente du levier inscripteur. L'interrupteur Hg pare à cet inconvénient. Il faut ne laisser le circuit fermé en ce point qu'au moment où l'on veut qu'une excitation se produise; dès qu'une excitation a été envoyée en systole, il suffit de retirer du mercure un des fils qui y sont plongés et de l'y remettre quand on a besoin d'une nouvelle excitation.

Le tracé de la figure 6, page 12, a été obtenu au moyen de cet appareil.

TABLE DES MATIÈRES

Bordeaux. — Imp. G. GOUNOUILHOU, rue Guiraude, 11.

www.ingramcontent.com/pod-product-compliance
Lightning Source LLC
LaVergne TN
LVHW050501160826
845677LV00003B/872

* 9 7 8 2 3 2 9 6 6 3 5 7 9 *